这本书属于大象罗拉的朋友 ____________

希望的家园

重返家园

大象罗拉的故事

左世伟 著
林子祎 绘

内容提要

本书为国际爱护动物基金会（IFAW）“希望的家园系列”丛书之一，从非洲象“罗拉”的视角出发，讲述了生活在非洲地区的大象出生和成长的故事，旨在培养孩子们尊重生命、科学关爱动物的观念，引导小读者探索个人、社会与自然的内在联系，形成“人与自然和谐共处”的生态理念。

图书在版编目（CIP）数据

重返家园：大象罗拉的故事 / 左世伟著 . — 上海：上海交通大学出版社，2022.10

ISBN 978-7-313-26597-5

Ⅰ . ①重… Ⅱ . ①左… Ⅲ . ①长鼻目 - 儿童读物

Ⅳ . ① Q959.845-49

中国版本图书馆 CIP 数据核字（2022）第 027181 号

重返家园：大象罗拉的故事
CHONGFAN JIAYUAN：DAXIANG LUOLA DE GUSHI

著　　者：左世伟

出版发行：上海交通大学出版社　　地　　址：上海市番禺路 951 号

邮政编码：200030　　电　　话：021-64071208

印　　制：上海盛通时代印刷有限公司　　经　　销：全国新华书店

开　　本：890mm × 1240mm　1/16　　印　　张：5.5

字　　数：47 千字　　印　　次：2022 年 10 月第 1 次印刷

版　　次：2022 年 10 月第 1 版

书　　号：ISBN 978-7-313-26597-5

定　　价：49.80 元

编委会名单

序

象牙由门齿进化而来，它们深深地嵌在大象的头骨中，与无数神经相连。不像人类，大象只有一对长牙，这对长牙随着大象年龄的增长，越长越长。2010 年至 2012 年，大约有 10 万头大象永远地从非洲大草原上消失了。10 万这样一个数字意味着短短三年时间，接近四分之一的非洲象种群消失了。

十年过去了，令人欣慰的是，根据联合国《濒危野生动植物种国际贸易公约》（CITES）的 “非法杀戮大象监测计划”（MIKE）2021 年发布的最新数据，非洲大陆上因为盗猎而丧生的大象占死亡大象的比例持续下降，达到 2003 年以来的最低值。2017 年 12 月 31 日起，中国内地已全面停止商业性象牙加工和交易活动。2021 年 12 月 31 日起，中国香港特别行政区禁止为商业目的管有任何象牙（1925 年前的古董象牙除外）。近些年来新加坡等国家和地区也陆续宣布禁贸。欧盟、英国也逐步采取越来越严格的措施限制象牙贸易。这些举措共同给大象带来了更加光明的未来，也提醒我们保护大象需要政府、执法部门、非政府组织和民间持之以恒的努力。

只要对象牙的需求依然存在，人类屠杀大象的行为便不会终止。象牙的觊觎者受象牙雕件的光泽和美丽所吸引，或许还受拥有这些所谓的“奢侈品”所带来的地位光环的诱惑。不知道他们在追求象牙制品时是否有片刻对生命的敬畏，是否想过这美丽的背后是大象惨烈的死亡？是否想过那些虽逃过劫难却丧失了家人和朋友的大象？是否想过失去大象后贫瘠的非洲生态系统和那里的人们的生活？是否有人了解，杀害大象给依赖旅游业的非洲当地人带来什么样的连环影响？

在非洲，夺牙杀戮的主要目标是正当年的雄象，因为它们的象牙最长。但当雄象变得不再容易找到时，偷猎者开始把目光投向了成年雌象，最后甚至连只有极短象牙的幼象也难逃厄运。

整个非洲大陆上都有大象在惊恐中奔跑着，“恐奔”这个词就是专门用来描绘它们表现出的恐惧的。被恐惧笼罩的大象用它们长了厚垫的脚静静地奔跑着，它们的尾巴一直警觉地立着。白天躲藏，夜间活动，它们在被人类主导的危险之地寻求生存。大象很聪明，它们明白人类是为了它们的牙而追杀它们的。

其实，大象的家庭与我们人类的家庭很像，只是它们的家庭成员往往更多，而它们也花更多的时间与家人相伴。大象家族的成员之间关系紧密，彼此关爱。当它们需要做决定或感觉到威胁时，会互相帮助，像一个训练有素的团队一样行动。

对一个大象家族来说，任何个体对家族结构和命运的影响，都不及家族中的雌性族长。族长通常是家庭中最年长且体形最大的雌象。雌性族长凭借经验和智慧，使整个大象家族一次次从干旱、人类入侵和其他威胁中幸存下来。象群成员有疑惑时会寻求族长的帮助，它们关注着雌性族长，并在危机时刻听从它的领导。

大象家族中的大多数决定都是家族成员通过讨论和协商做出的。但当家族面临威胁时，雌性族长会挺身而出，勇敢地保护家庭成员，并决定该如何应对威胁。一旦当这种威胁来自人类的长矛、毒箭甚至机枪时，雌性族长的勇敢会使自己处于巨大的危险之中。

对一个家族中的不同成员来说，雌性族长可能是曾祖母，可能是祖母，也可能是阿姨、表亲、姐妹或母亲。它就是将家族成员紧紧团结在一起的黏合剂。一旦它死了，它的家族成员将无所依靠，悲痛欲绝。失去雌性族长往往会导致一个大象家族的破碎。在这样支离破碎的家庭中，鲜有阿姨会照顾幼象，幼象的存活概率也会大大下降。如果大象家族失去了族长，家庭的每个成员都会变得更加脆弱。

两岁以下的象宝宝依靠母乳生存，而稍大点的幼象也依赖母亲的引领，所有的小象与母亲之间的情感都无比强烈。当它们的母亲死去，它们甚至可能死于无尽的悲痛。当人们通过象牙的非法交易量估算死去大象的数量时，因此而死去的小象，却无人提及。

属于大象的画面其实并不应该像我所描述的这么可怕。作为国际社会中的成员，我们可以携手阻止人类对大象的杀戮。我们需要做的其实很简单，就是共同认识到我们不需要象牙，却真的需要大象，并接受一个简单的道理：只有大象需要象牙。

我一直都在研究大象并为保护它们而努力着。即便已经过了 50 年，大象的智慧和家庭成员间的协作与关爱仍旧打动着我。我觉得我们人类可以向大象学习，从中受益，让我们从现在就开始。

我和我的丈夫一起管理一家小组织——大象之声，该组织旨在鼓励人们去了解大象的智慧、丰富的情感及生存现状，并为大象也能享受生命之美而努力。我真诚希望你能加入我们，为了大象的生存，也为了你的子孙能生活在一个更好的世界。

乔伊丝·卜尔博士

大象之声（Elephant Voices）创始人

翻译：马晨玥

目　录

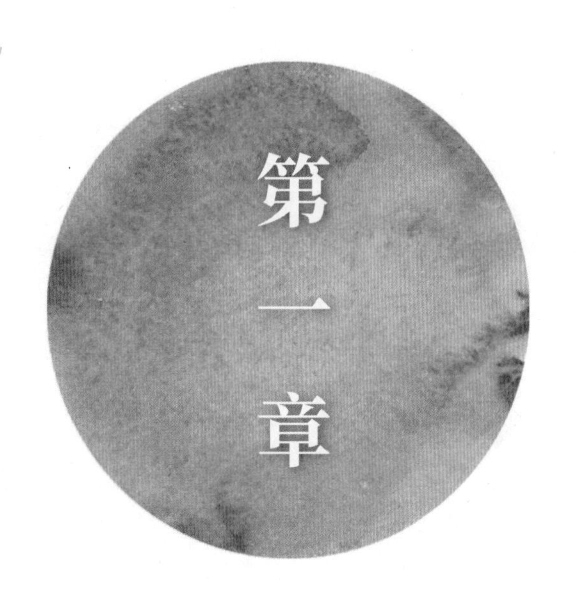

【罗拉的诞生】

当清晨的第一缕阳光洒向大地，我出生了。

起初我被一阵嘈杂声唤醒，感觉自己正蜷缩在一片湿热的土地上，我的鼻子里混杂着泥土和青草的气味，身体仿佛也正在被什么东西抚摸着，弄得我浑身痒痒的，让我忍不住想睁开眼睛。

我第一眼就看见了妈妈！妈妈此时正俯着身，用她长长的鼻子温柔地拭去包裹在我身上的白色胎衣。她的牙可真美呀！晨光中，那一对乳白色的长牙光洁而美丽，在空中轻轻地画出一道优美的弧线。她的眼神慈祥而沉静，让我觉得安心。

我发现周围有好多双眼睛正好奇地上下打量着我，她们的脸上都洋溢着喜悦的神情，还不时地用鼻子嗅嗅我。

“我的天啊，你看她可真小！”

“哎哟哟，这小家伙长得可真像她的妈妈！”

“喏喏喏，还有她的睫毛，多浓密！”

“真想摸摸她的小鼻子，肉嘟嘟的！”我被大家看得不好意思了，涨红着脸转头去寻找妈妈。妈妈微笑着用她的长鼻子揽我入怀。她温柔地端详着我说：“我们该叫你什么呢，小家伙？”大家都歪着脑袋，齐刷刷地看向妈妈。

“我想到了！我要给你取名叫‘罗拉’！”她兴奋地喊道。“罗拉！”大家张着嘴，异口同声地附和。“是的，罗拉，象征着荣耀和胜利的月桂树。罗拉，我的孩子，你会成为一个聪明、勇敢的好姑娘！”

每个人的眼睛里都放出了光芒，她们欢呼着我的名字，情不自禁地摇摆着身体，晃动着脑袋，她们的鼻子随着脑袋的晃动有节奏地上下挥舞，好像在跳集体舞。

“罗拉，试着站起来。”妈妈用鼻子卷起我的身体向上提，试图把我拉起来。“嗯……”我使出浑身力气，使劲儿地用腿蹬地，眼睛、鼻子和嘴巴都攒在了一起。“扑通”一声我重重地倒在了地上。“好孩子，再试一次！”妈妈催促着我，用前腿轻轻地踢我。

“罗拉，加油！”大家也鼓励着我，围在我的身边不停地徘徊。一次、两次、三次……终于，我铆足了劲儿，用四条腿夹紧了身体，一伸一蹬，颤颤巍巍地站在了地面上。“太棒了！”大家再次欢呼起来。

我的脑袋特别重，身体被脑袋拖得左摇右晃，总是要摔倒。妈妈的身体紧紧地贴着我，用她的长鼻子扶着我跌跌撞撞地走了起来。

忽地，一只小鸟从我的头顶上空飞过，我吓了一跳，下意识地缩了脑袋，目光却不自觉地随着它跑，直到它落在不远处的一棵大树上。

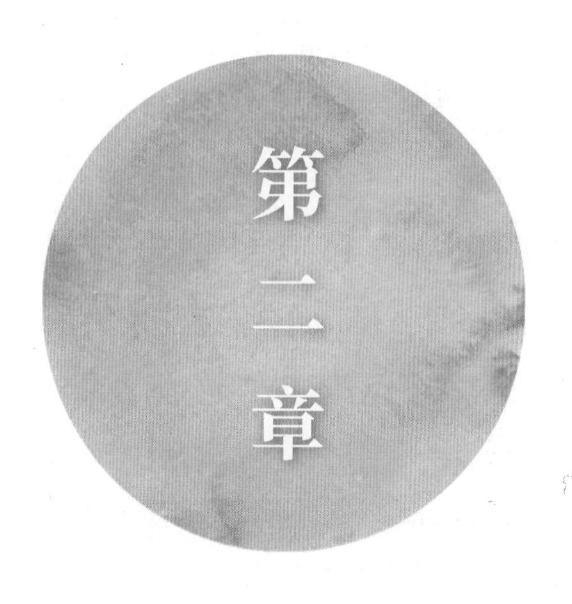

第二章

【 大 象 家 族 】

夕阳把天边再次染成了好看的橙红色，气温开始下降，动物们变得活跃了起来。这是一天中我最喜欢的时刻，眼前的一切都令我着迷。

霞光中的金合欢树呈现出如大伞一般奇特的造型，在云气中折射出金子般耀眼的光芒。几匹细纹斑马一边低头啃着地面上的嫩草，一边时不时地抬起脑袋张望；网纹长颈鹿从头到脚像是套了一件棕色花纹衫，伸着紫色的长舌头吃着金合欢树的叶子；灌木丛边的长颈羚抬着前腿，挺直后腿，努力地够着灌木上的树叶。

“罗拉和吉姆，跟紧了，别掉队！”妈妈的声音把我的注意力重新拉了回来。我加快脚步追了上去，重新回到了妈妈的肚子下面，与妈妈并肩行走。妈妈的步伐平稳，她的腿修长而强壮，简直就是一间移动的婴儿房。在妈妈的肚子下面，没有灼热的阳光，也没有风吹雨打，而且只要一抬头我就可以随时吃到妈妈香甜的乳汁。

我们大象是群居动物，都是一家或者几个比较亲近的家庭拼凑在一起生活。在象群里领导大家前进的通常都是雌性长者。大象家庭里只有最细心、最有智慧和经验的女性才能领导整个家庭。

我的妈妈叫卡米拉，她强壮、勇敢，生活经验丰富且记忆力特别好，是我们这个家庭的大家长。妈妈带领我们随着降雨的轨迹迁徙。她不仅熟悉草原上的每一个角落，凭借着自己惊人的记忆力和丰富的

经验，她总能带领大家准确地找到食物和水源，还会在遇到危险的时候指引我们尽快脱离险境。妈妈全心全意地关怀着每一位家人，教每一位年轻的妈妈如何照顾小象，关心每一头新出生的小象，因此家里的每一位成员都十分尊敬她，也服从她的领导。千百万年来，大象家族凭借着群居的方式，家族成员们紧密地团结在一起，互相扶持，才得以在严酷的自然环境下生存下来。

吉姆哥哥刚满 3 岁，他走路时总是大力地用脚踩地面，将草地踩得乱七八糟。他会趁我睡觉时故意用脚踢我，把我叫醒，还会趁我在喝水时突然在背后推我一把，让我猝不及防跌进水坑里。当然我也不甘示弱，时不时地给他来点儿恶作剧。有一次，我趁吉姆不注意，突然用鼻子缠住他的尾巴，然后拼命地向后拽。他使劲摇摆起屁股，把我甩了个踉跄，几乎要摔倒。吉姆哥哥趁机一溜烟儿地跑走了。

“罗拉，来，看你能不能抓住我的鼻子！”我正要反击，听到妈妈的喊声，便立刻忘了眼前的“战局”，向妈妈飞奔过去。

我特别喜欢跟妈妈的长鼻子做游戏。妈妈的鼻子又长又灵巧，能轻巧地躲开我用鼻子发起的围追堵截。然后妈妈看我着急的样子又会温柔地用鼻子抚摸我的头，故意让我捉住她。

妈妈的鼻子不仅仅是我的游戏玩伴。其实，我们大象的鼻子用处可多了。通过在空气中左右摆动鼻子，我们可以通过不同的气味分辨食物和水源，甚至可以闻到附近危险动物的气息。充满力量又灵巧的鼻子也是我们生活的好帮手，有了它的帮助，我们可以轻松地采集到高处的食物，可以搬开路上的障碍物。鼻子顶端的两个突起可以像手指一样灵巧地抓取薄薄的树叶。在喝水的时候鼻子就是吸管；洗澡的时候鼻子就成了淋浴花洒。此外，我们还

会用鼻子来相互打招呼和“拥抱”。

因为我年龄小，还不能特别熟练地使用鼻子这个工具，走路的时候偶尔会被自己的鼻子绊倒。在喝水的时候，还会因为用力过猛吸水呛到自己。这时妈妈就会耐心地边做示范，边叮嘱：“罗拉，别太用力吸，要像我这样，才不会呛到你自己。”我学着妈妈的样子，小心翼翼地将鼻子伸到水面上，可是因为太过小心，不敢用力，只是将鼻头沾湿了。这样几次下来，我仍然不得要领，可是嗓子眼里干渴得要命，于是再也耐不住性子，索性跪在地上俯下身子，趴在水面直接用嘴喝起来。我的样子狼狈又滑稽，完全不像妈妈那样从容与优雅。

作为象群里最年轻的小象，我总是能够得到大家更多的关注和爱护。有时候我走得累了，便不管什么时候，也不管在哪里，“扑通”一声倒在地上就能呼呼大睡。这时候，妈妈和阿姨们会停下来，用身体把我围在中间，为我筑起了一道世界上最安全的墙。

【生命中的第一场雨】

十月的大草原干燥而炎热。白天，炎炎烈日烘烤着大地，感觉背上都要着火了。即便到了晚上，气温仍然居高不下，我隐约听到空气中弥漫着沉重的叹息声。傍晚时分，天空阴沉下来，墨色的云挤压着天空，仿佛一张宽大的幕布笼罩住大地。风吹得一阵比一阵疾，灌木丛和金合欢树的树枝被风吹得左摇右摆。

忽地，一道白色的闪电横空划过，照亮了半边天，巨大的雷声接踵而至。闪电仿佛一双强有力的大手，在天空中硬生生扒开了一道口子，瞬间织出一张银色的网。雷声愈发响亮，一声比一声紧。伴随着闪电和雷鸣，大颗的雨点“噼噼啪啪”地掉落下来。

这是我生命中的第一场雨呀！我被眼前的这幅景象惊呆了，忙不迭地钻到妈妈的肚皮底下，身体微微发抖。“别怕，罗拉，这是要下雨了！”妈妈看着我说。“雨？”我第一次听到这个词。“是的！”妈妈激动地说：“罗拉，你生命中的第一场暴风雨就要来临了！”

雨点越来越密集，妈妈用她的长鼻子把我僵硬的身体往外拉，我的眼睛都被雨水淋得睁不开了。我使劲儿地抖了抖身体，但很快又全身湿透。雨水泼洒在干涸的土地上，迅速升腾起浓浓的雾。我听到夹杂在雷声和雨声之中的动物们的欢呼雀跃声。

（我们大象还能给植物、动物邻居帮很多忙呢，比如我们的粪便里有很多植物的种子和纤维，可以帮助植物播种、成为肥料，而且还是很多小虫子的家。）

（大雨过后，地上的泥土变软，我们的脚印就会形成大大小小的水坑，这些水坑就成了很多小动物的饮水池。）

雨下了一整夜。

第二天清晨，一缕阳光率先在天边探出了头。大草原就像喝饱了水，变得丰润鲜艳起来。这样的好天气让大家都精神抖擞、兴致勃勃。

地面上出现了大大小小的泥坑。经过一个大泥坑时，妈妈突然用长鼻子吸起一大坨湿乎乎的泥巴甩向我。我猝不及防，被喷得满身都是。“妈妈！你在干嘛？”妈妈笑着说：“别跑啊，罗拉，我这是在帮你涂‘防晒霜’呢。”对于刚出生的小象来说，我的皮肤还很脆弱，根本无法承受大草原上毒辣的阳光。往身上涂满厚厚的泥巴，能够帮助我的皮肤抵抗紫外线的伤害。

正说着，又一坨泥巴冲着我过来，直接糊在了我的右脸上。是吉姆！“哈哈！”我看向他时，他正得意地向我甩着鼻子。我“哼”了一声，毫不犹豫地卷起泥巴回击，其他大象也迅速加入了进来，大家伙儿干脆一起跳进泥坑里玩起了泥巴大战。

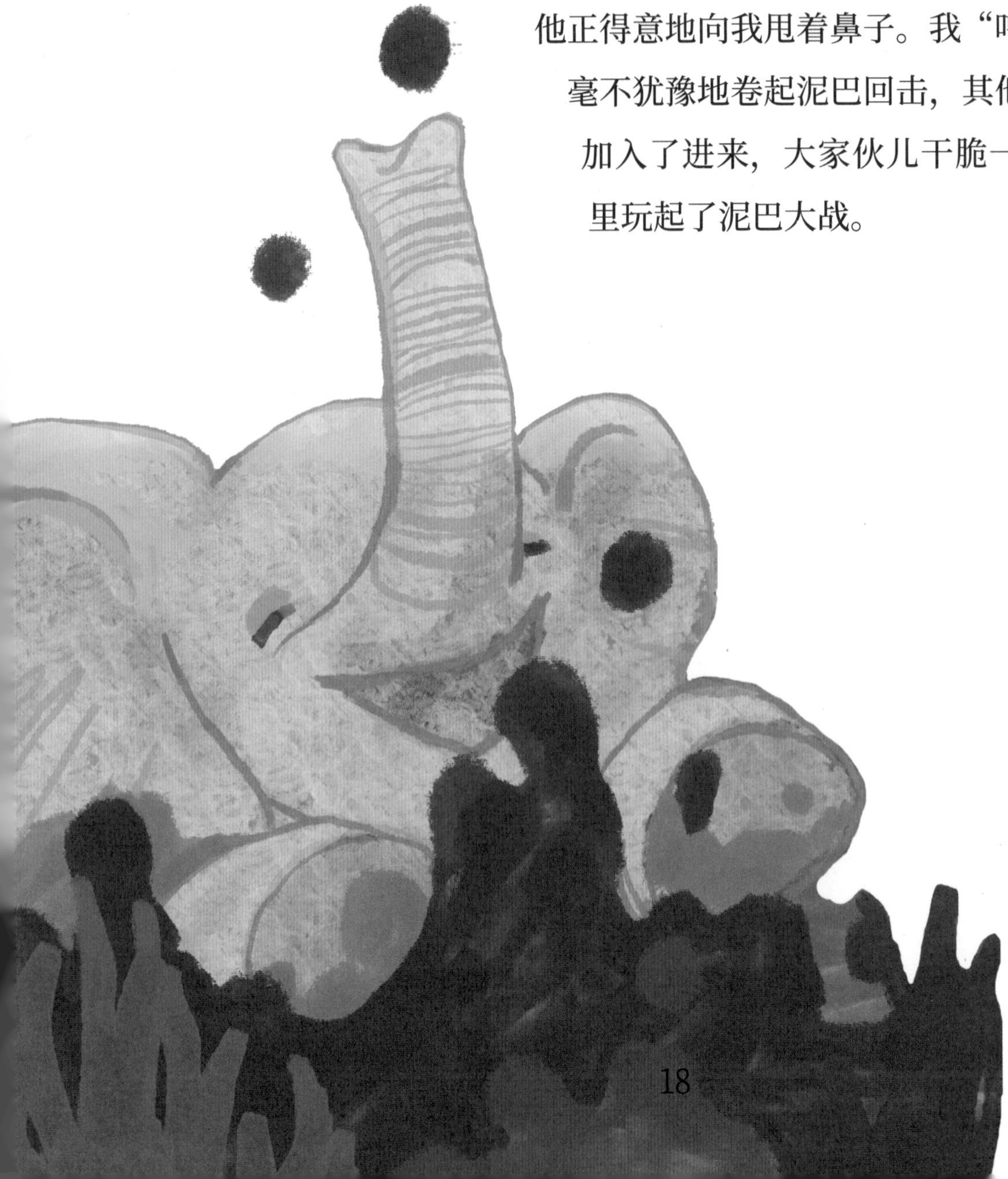

【草原上的奇妙探险】

雨季过后，我们又开始了新的迁徙。大象与生俱来的超强记忆力可以帮助我们在迁徙路上找到曾经到过的水塘，不过妈妈说能力虽然是天生的，但也需要经验的积累和训练。一路上，妈妈会不断地重复告诉我附近哪里有水源，这也是她从外婆那里学来的。此外，妈妈还告诉我要时刻注意观察四周环境。虽然我们大象在大自然没有绝对的天敌，但是如果遇到一些猛兽也是很麻烦的事情。在进食的时候，她还会让我用鼻子伸进她嘴里取一些食物自己品尝，以此来分辨和记住哪些是合适的食物……我学得很快，努力地记着妈妈教给我的知识，用心学习必备的生存技巧。

“我们要一直这样走下去吗？”我问妈妈。“是的，罗拉，”妈妈意味深长地说，“这是存在于每只大象身体里的基因。”不停行走，不停寻找食物和水源就像是我们的宿命，是我们生命中必须完成的功课。妈妈作为大家长，有责任要全力带领大家向希望走去。

在东非草原的旱季，太阳炙烤着大地，我们浑身都散发出热气，身体里的水分流失得很快。如果不及时补充水分，恐怕庞大的身躯早就支撑不住了。每天天不亮，我就跟着妈妈和象群一起向水源进发，因为早晨比较凉爽舒适，这是我们进食喝水的时候。到了中午，我们会停下来找个阴凉的地方休息，躲避一天中最热的一段时间，然后继续进食。

对于我来说，每一天的生活都是充实而精彩的。我喜欢跟在罗丝姐姐和吉姆哥哥的屁股后面，去探索那些地形崎岖的山路。我们流连于草原上开出的各种奇异而美丽的花，好奇它们有着怎样不同的味道；我们将头挤在一起，盯着路边的蜣螂（qiāng láng），看他们滚出一个大粪球，然后异口同声地发出惊叹；我们中总有人会突然间发起一次赛跑，大家争先恐后地跑向猴面包树，看谁能第一个用鼻子剥开树皮喝到带着酸味的汁液，然后再一起心满意足地用大树干蹭痒痒。在全家人饱餐之后我们就一起回到水坑里滚泥巴，既能玩耍，又能避暑降温。

草原上还生活着很多其他动物，我们可以跟其中的一些动物融洽相处。比如，红嘴牛椋（liáng）鸟会落在我们的身上，帮我们除掉皮肤上的寄生虫。他们的嘴坚硬又锋利，啄在身上痒痒的，却很舒服。斑马和瞪羚是草原上最热情的动物，每次看到我们都会愉快地跟我们打招呼。而当我们要穿过狮子领地的时候，就要格外小心。狮子总是打着哈欠，用舌头贪婪地舔着大嘴巴。别看他们一副懒洋洋的样子，一旦发起进攻，我们这些小象就很难活命了。每次经过狮子领地的时候，妈妈总是不厌其烦地叮嘱我说："罗拉，跟紧大家，不要掉队！"

路上还会有些奇怪的家伙在打我们小象的主意，比如长着一口锋利牙齿、浑身布满斑点的家伙——斑鬣（liè）狗。他们会时不时在远处冲我和其他小象张嘴龇（zī）牙，但是因为有妈妈和家里的阿姨们在，所以不敢靠近。斑鬣狗性情十分凶猛，他们总是好几十只成群出现，集体捕食比他们体形大得多的斑马、角马和斑羚等大中型食草动物，就连狮群他们也能抗衡。妈妈叮嘱我不要独自远离象群，更不要去招惹他们，否则会很危险的。

妈妈说还有一种动物千万不能得罪，那就是在河水中露出黑乎乎脑袋的河马。他们纹丝不动地浮在水面上时，若不仔细看，会错认为是几块大黑石头。别看他们总是一副无精打采懒洋洋的样子，一旦碰到挑衅的动物，比如看上去凶神恶煞的鳄鱼，他们就会张开血盆大嘴吓唬对方。如果鳄鱼仍不离开的话，草原上最血腥的一幕——河马吞噬（shì）鳄鱼 —— 就会上演。

在河边休息时，一对埃及雁夫妇领着几只刚出生的小雁摇摇晃晃地经过身旁，我扬起头问出了藏在心里很久的疑问："妈妈，为什么我没见过爸爸？他为什么不跟我们一起生活？"

妈妈看着我的眼睛，第一次和我讲了爸爸的故事："我跟你的爸爸是在一个大水坑旁相遇的。他叫艾布特，长得高大又威猛，他那一对光洁又雄壮的长牙一下子就吸引了我的注意，我们在乞力马扎罗山下度过了一段美好的时光。在他离开后，我便有了你。""那他为什么要离开我们？难道他不爱我们吗？"我追问道。"当然不是！"妈妈赶忙摇摇头："他当然爱我们！只是，在我们的族群里，成年的雄象都要出去单独生活。""那我们还会不会再见到他呢？"我继续追问。妈妈低头看向我："也许有一天，我们会在迁徙路上相遇吧。"

这一天，我们一直走，走到夜幕降临，正准备停下来休息时，一阵骚乱声从水坑边传来。意识到危险，妈妈立刻喊停了象群，组织大家摆出防御阵势。族群中的阿姨们面向声音传来的方向站成一排，将我们这些小象挡在身后。作为大家长的妈妈站在了最前方。大家的头扬得高高的，平时总是低垂的眼帘现在都瞪得圆圆的，垂过肩的耳朵伸展着捕捉声音的来源，同时，通过次声波向不远处的其他族群发出危险的信号。水坑边不断传来水牛、羚羊、长颈鹿的躁动声，斑鬣狗的叫声和其他动物的

哀嚎声此起彼伏。我看到远处草丛中有几双闪闪发亮的眼睛正恶狠狠地注视着我，让我不寒而栗。“妈妈，发生了什么事？”我吓坏了，紧张得不敢动弹。“别害怕，孩子，在妈妈的身下藏好。”妈妈一边安抚着我，一边警惕着水坑那边的情形。

过了一会儿，令人窒息的嘈杂声渐渐消失，妈妈又观望了一阵子才解除了象群的警戒。此时水坑边已经恢复了平静，动物们像往常一样，俯着身子喝水。“刚才发生了什么？是斑鬣狗么？”妈妈向旁边的羚羊阿姨询问。“是啊！他们抢走了一只刚出生不久的小长颈鹿，长颈鹿妈妈为了保护孩子也受了重伤，我看是凶多吉少。”阿姨惋惜道。妈妈没再说话，只是用鼻子把我拉得更近。

黑夜里，我紧紧地依偎着妈妈，妈妈的怀抱总是特别温暖和安全。“妈妈，斑鬣狗是草原上最坏的动物吗？”想起傍晚发生的事件，我还心有余悸。“罗拉，捕食与被捕食，这是大自然的生存法则，所有的动物、植物都是相互依存的。每一只动物都是草原的一份子，都有自己不可替代的作用。”“妈妈，我可以一直留在你的身边吗？”我问道。“傻孩子，当然可以了。但你从现在开始也要学会照顾自己，总有一天，妈妈也会不在的。”妈妈用长鼻子轻轻地摩挲着我的头。“可是，我想跟妈妈永远在一起，每天晚上一起看璀璨（cuǐ càn）的星河。”我一边嘟囔着，一边打了一个哈欠，很快便沉沉睡去。

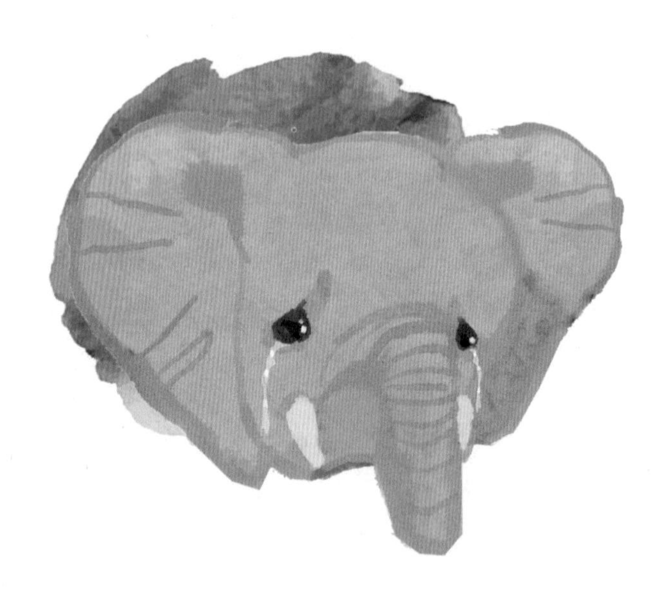

【与妈妈别离】

我在雨季和旱季的不断更迭中长高了很多，体重也增加了不少。我的四肢变得粗壮有力，鼻子也用得越来越灵活。透过水塘的倒影，我看见了自己那对刚刚萌出的门齿，虽然还很短，但是它们象征着我在慢慢成熟。

妈妈告诉我，对大象来说，长长的牙是我们的骄傲，这是大自然为我们选择的种族印记。在野外，我们会用这对长牙挖掘地上的泥土，寻找水源和盐分。遇到危险时，长长的牙还可以当作武器。我们还会彼此撞击象牙，来表达亲朋好友之间的兴奋和快乐。而见到逝去的伙伴时，我们也会

用脚轻轻碰触对方的头和长牙来表达离别的痛苦。“不过，你可要好好保护你的这对长牙。”妈妈也看着我水中的倒影说：“因为如果有一天它断了，可就再也长不回来了。”

这年的旱季好像特别漫长，大草原变得光秃秃的，地面也呈现出深褐色。猴面包树的味道只停留在我的记忆里了。我们因为得不到充足的食物全都憔悴不堪。为了生存下去，象群不得不继续迁移。

一路上，我们不放过任何可以吃的东西，妈妈说这是她第一次遭遇这么严重的干旱。大草原好像中了魔咒，我们前进的速度总也赶不上水坑干涸的速度。可以吃的东西越来越少，越来越多的动物尸体出现在路上。我们有些同伴也因体力不支倒在地上，再也没有起来。每当一个同伴逝去，大家都会聚在一起为他哀悼，这种画面会停留在我们的脑海中很多年。

然而比饥饿更加可怕的是不断蔓延的恐慌。大家开始失去信心，不知道自己还能坚持多久，甚至担心下一个倒下的会不会是自己。

妈妈做了一个重要的决定，她要带着我们去公路附近的绿地。“那里的灌木丛或许可以为我们提供一些食物。”妈妈踌躇着说。“这太危险了！那边有人类出没！”温迪阿姨眼里充满了恐慌。“是的，卡米拉，请再考虑一下，如果去那，我们可能会成为盗猎者的目标。”索菲亚阿姨昂起下巴，高高地翘起尾巴，所有人都能感受到她的不安。“可是你们看看这些孩子，他们可能快要撑不住了。”妈妈转过头，忧心忡忡地看向我们，说：“请你们理解我。对我来说，这是一个艰难的选择。但这样，或许这些孩子们还能有一丝生的希望。”我从没有见过妈妈的神情如此绝望。

去往公路的途中，妈妈始终保持着高度的警惕，她紧张地环视着四周，一点儿风吹草动就会立即停下脚步观察声音来源的方向。

“有人！”妈妈突然把头扬高，大喊了一声。

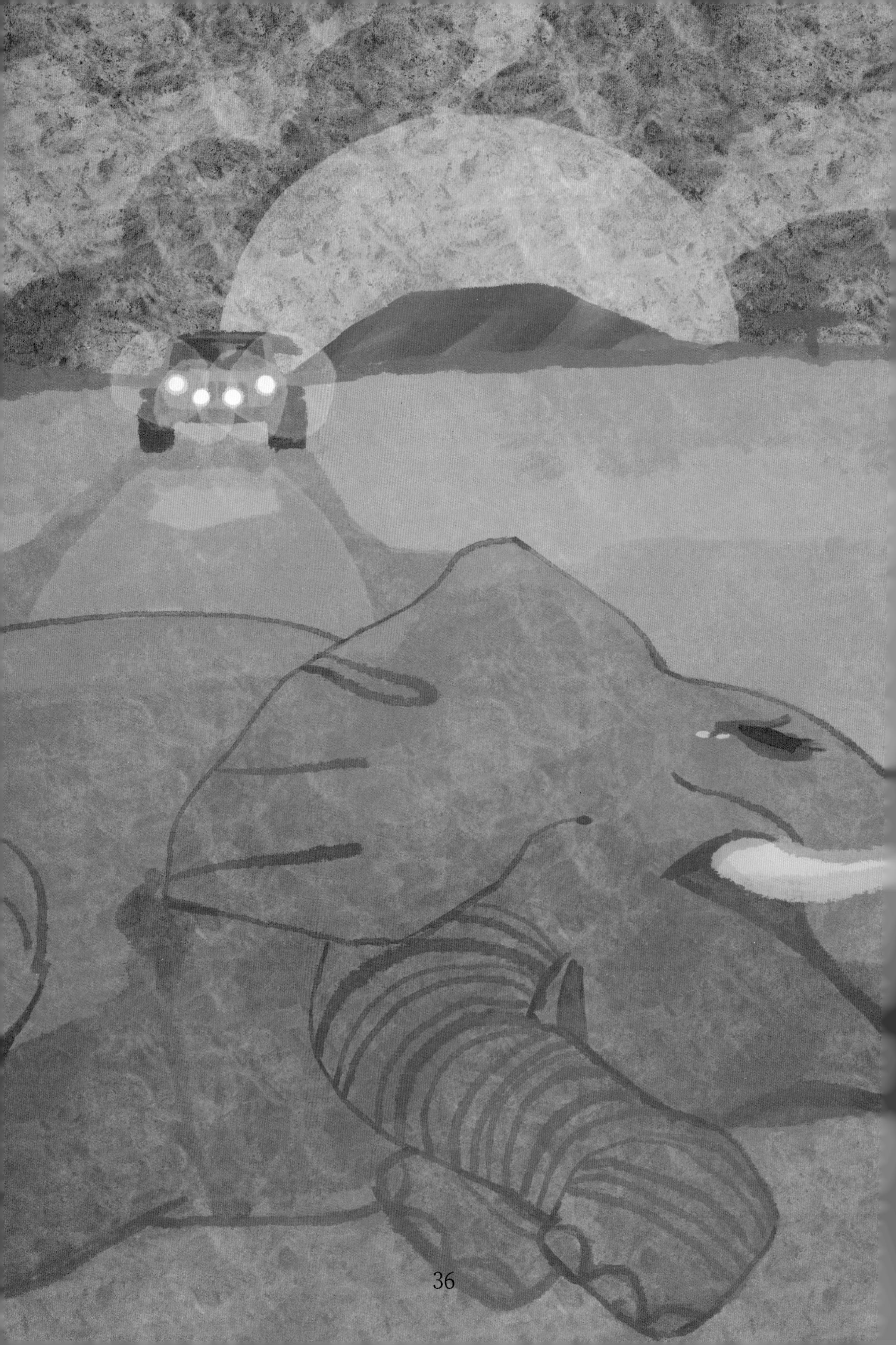

“快跑！”妈妈向象群发出命令，大家便发疯似的奔跑起来。我努力地跟在队伍的最后，妈妈用她的身体挡在我的旁边。

“砰”的一声闷响，我只觉得耳边有风呼啸而过，然后就听到妈妈一声长长的嘶叫，看到她庞大的身躯重重地砸在地上。“罗拉，快跑！”妈妈绝望地向我喊，我不知所措，从未想过有一天会离开她。“妈妈！你起来，我们一起跑！”我极力呼喊着。

“罗拉，我的女儿……”妈妈的声音愈发虚弱，她的眼里蒙上了浓浓的哀伤：“你一定要坚强！要照顾好自己！”

妈妈用尽她所有的力气，挣扎着起来跪在地上，狠狠地用鼻子抽了一下我的身体，然后扬起鼻子朝着黑影发出一声长长的哀鸣，轰然倒地，再也没有醒过来。我看见一颗晶莹的泪珠顺着她的脸颊流淌下来。

“不！妈妈，我不要离开你！”我的泪水夺眶而出。我用鼻子拱她，很用力，拱得我的鼻子生疼，希望能将妈妈唤醒，可是她依然不给我任何回应。

我感觉身后有什么东西使劲地向前推我。我转头看去，罗丝正用她的鼻子推着我，催促我快跑。妈妈躺在那里已经一动不动，而远处的人类正在不断靠近，我不得不跟随罗丝跑远，眼泪已经模糊了双眼。

在一片慌乱中，我因为体力不支跟象群跑散了。我不知道自己在什么地方，也不知道自己要去向何方。我只知道，妈妈不会醒来了，她不会再对我微笑，也不会再对我严厉。一天之间，我失去了妈妈，失去了我的家人。

我筋疲力尽，无力地倒在地上，闭上了双眼。

第六章 【融入新家庭】

不知道过了多久，恍惚中我听到有声响，便本能地动了动身体，想让自己清醒过来。当我再次睁开眼睛的时候，发现自己躺在一块干燥的草垫上，身上盖着毛毯，面前放着干净的水和嫩草。这是一个完全陌生的地方。

“看啊，她醒了！”顺着声音看去，我发现有几头跟我年纪相仿的小象，正瞪大了眼睛看着我。“别怕，这里很安全。”一头小象友善地对我说：“你好，我叫雷蒙德，这是蒂姆，这是娜拉。”他依次向我介绍道。

“你叫什么名字？”娜拉忽闪着大眼睛问。

“罗拉，”我低垂着眼，小声地回答。

“你好，罗拉，欢迎来到小象孤儿院！”蒂姆热情地说，他的声音特别洪亮。

“小象孤儿院？这是什么地方？”

“这里是人类为我们建造的地方，专门收留像你、我这样的小象。”雷蒙德解释道。

“人类！”听到这个词，我立刻惊慌失措，想要挣扎着站起来。

“别怕，罗拉。这里的人类不会伤害我们。”蒂姆用他的鼻子温柔地安抚着我，“我们大家都和你一样，原本都是在妈妈的呵护下和家人一起开心地生活，因为遭遇不幸才成了孤儿。没有妈妈的小象，在大草原上难以独自生存。如果没有这里的人类的帮助，我们可能早就成为了兀鹫和其他动物的食物。”

“我和家人走散了，找不到食物还受了伤，是这里的人类把我带回来的，他们还治好了我的伤口。”娜拉细声细气地说：“你看，我的耳朵上现在还有一道伤痕。”说话间，娜拉向我抖了抖带有残缺边缘的耳朵。

我看着眼前友好的雷蒙德、蒂姆和娜拉，初时的紧张消退了一些。

来到小象孤儿院的很长一段时间里，我都过得很艰难。夜里我经常辗转反侧，脑海里不断浮现妈妈遇害时的情景。即使睡着了，也总是在梦中惊醒。我无时无刻不思念着妈妈，想念和家人们在一起无忧无虑的时光。我们是这世界上最庞大的陆生动物，也是情感最细腻的动物，和家人在一起生活的美好回忆还会不断地涌来，那些生离死别的场面时常会偷偷地溜进我的脑海里，撕扯我心里最柔软的地方。是的，我们大象很难忘记。

日子久了，我逐渐适应了这里的生活，起初的恐惧慢慢地消失了。在雷蒙德的陪伴和守护下，我的内心已经不再像当初那么焦虑和紧张，不会再烦躁不安地来回踱步和摇晃脑袋。

每当夜幕降临，无尽深沉的夜空宛如一块宽大的幕布，赤道上的月光像一床轻薄的被子，温柔地盖在我们的身上。雷蒙德总是会陪着我一起看星星。他说，妈妈已经变成了一颗明亮的星，在天空守护着我们，只要我想念她，抬起头来，就会看到她在向我眨眼，一闪一闪地。

雷蒙德告诉了我一个秘密，是关于他母亲的。

“我的妈妈也是被人类杀害的。”雷蒙德说：“那几天总是可以听见天空的轰鸣声，一只吵闹的大铁皮鸟在天空盘旋，监视着我们的一举一动。刚开始我们谁也没有在意，可是有一天，随着‘砰’的一声闷响，我们的一名同伴突然倒下了。第二次，可怕的怪鸟又出现了，这一次他们的目标是我的妈妈。他们开枪将妈妈击中，看到妈妈倒在地上一动不动，我发疯似的不断试图用鼻子搬起妈妈的身体，拽她的鼻子，希望她能再次站起来，跟我一起逃跑。可是妈妈已经一动不动了……几天后，当我再次返回寻找妈妈的时候，发现妈妈就躺在那里，她的长牙和连在一起的部分不见了……

此时的雷蒙德已经泪水纵横，表情痛苦不堪。“他们为什么要杀害我们的妈妈？”我的情绪不由得激动起来。“因为他们想要得到长牙！”雷蒙德的眼中似乎也要喷出火来：“一些残忍的人类不惜以我们的生命为代价，把长牙从我们身上夺走，做成各种工艺品然后高价卖掉换取财富。而这些以我们大象生命为代价制成的各种物件，只会被用来摆在屋里、挂在身上。为了长牙，他们杀戮我们，驱赶我们，使我们无家可归，让无数像我一样的小象失去了妈妈。”我哭喊着问：

“难道一件
物品要比我们的生
命还珍贵吗？”“不！”雷蒙德
忍受着巨大的痛苦，咬牙说道：“在这些人眼里，我们的生命一文不值，只是用来满足欲望的工具。”

孤儿院里，有一个个子不高的饲养员，对我的照顾最多。他叫约翰，穿一件草绿色的工作制服，头戴一顶米黄色的小帽子。他每晚都会来象舍好几次，查看我的状态，为我盖好毛毯。起初我总是躲着他，还经常对他吼，甚至用身体撞他，约翰似乎从来也没有因此生气。

每天天不亮，约翰就会打开象舍的栅栏门，嘴里愉快地喊着“Jambo！ Jambo！”，那是他在向我们问好。接着，他就马不停蹄地忙活起来。他为我们清扫象舍，搬来干草和嫩叶，然后高举着奶瓶按着顺序塞进我们的嘴里。天气好的时候，约翰会端一杯茶，坐在象舍外喝起来。其他的小象会凑到他身边，趁他不注意的时候抢走他米黄色的小帽子，于是约翰“咯咯”地笑起来。

孤儿院的日子宁静而祥和。我的心也渐渐地平静下来。白天的时候，我和雷蒙德、娜拉和蒂姆四处觅食、游玩。这里有大片的树林和草地，还有一条宽阔而平缓的河流，我们喜欢到河边玩耍，用鼻子喷水给对方冲凉。当然，我们最喜欢的还是泥浴。在锈红色的泥坑里打滚儿，总能让我无比放松。

【大象围栏】

时间就这样在宁静而祥和的生活中流逝着。一转眼，我们在小象孤儿院已经生活了五年多。我拥有了和妈妈一样高大健壮的体形和一双深沉如水的眼睛。我感觉自己浑身都充满了力量，不会再因为要独自面对困难而感到害怕了。

最近，雷蒙德的脾气变得越来越暴躁。他经常与其他雄象发生摩擦。他常常用象牙抵住地面并扬起草木，假装挑衅。处于狂暴期的男孩子在地位升级的搏斗中总会做出这样的动作。虽然事后雷蒙德也会懊恼不已，但是他就是很难控制自己的情绪。其实，我也时常能够感觉到身体里有一团火在燃烧，这让我对孤儿院以外的世界更加向往。就像妈妈说的，我们与生俱来的本能，使我们的脚步注定停不下来。

约翰也注意到了我们的变化，他跟其他工作人员商量着，也许是时候让我们重回大草原了。首先离开的是雷蒙德。成年雄象通常是“独行侠”，所以雷蒙德将要被单独放归野外。

“我想跟你一起走！”我对雷蒙德恳求道，我实在不愿再经历分离。“听我说，罗拉，你还要再耐心等待一段时间。”雷蒙德耐心地安慰着我说：“等到其他几个小伙伴也准备好了，你们会一起出发。”“那我以后还能再见到你吗？”我期待着看向他，眼含着泪水。

“也许会，也许不会……”雷蒙德犹疑着，当他重新看向我时，眼神坚定。“但我会永远记得你，罗拉！因为你是我的家人。”雷蒙德深情地对我说。“罗拉，你要用从妈妈那里继承到的勇气和智慧，好好生活。”雷蒙德用他的长鼻子温柔地抚摸着我说，“这也是我们的妈妈所希望的。”雷蒙德的神情，真像记忆里的妈妈。

雷蒙德走后，我怅然若失。我时常在我们一起游戏的地方徘徊、张望，回忆我们曾经度过的美好时光。直到那一天，属于我的日子到来了。我和娜拉，还有另外几头雌象组成的队伍从孤儿院出发。约翰举着奶瓶，引着我走进一个巨大的箱子里，那里为我们准备了干草和新鲜的树叶。我走进其中一个集装箱里，转过身，门被“咣”地一声关上。随后，我听见汽车发动机的声音，整个集装箱跟着移动了起来。

过了好久，集装箱的门被打开，扑面而来的是浓烈的草原气息。随风轻轻摆动的野草、高高矗立的合欢树、还有许多双闪动着的眼睛……一切都是那么熟悉。约翰引领着我们从集装箱里走出来，我们排着队往丛林深处走去，最终走入一片围栏之中。和约翰在一起，让我们感觉很安全。白天，我会带领几只雌象到围栏外面去探索，起先，我们并不敢走太远，不等天黑就会回到围栏里休息。后来，我们的胆子越来越大，探索的范围也不断扩大。有时候走得很远，两三天才会回到围栏一次。

一天深夜，两头野生的雄象来到围栏外面，试图拜访围栏里的象群，大家都表现得很兴奋，纷纷将象鼻穿过围栏探出去，想要跟围栏外的雄象交流，围栏变成了一个天然的“会客厅”。那晚之后，我愈发强烈地感受到野外象群对我的召唤，也越来越坚定了永远走出围栏的决心。

临走的前一天，我在约翰身边徘徊了好久，似乎想告诉他我依依不舍的心意。约翰仿佛明白了一切，他一边用手抚摸着我的头，一边将嘴唇贴在我的耳边柔声低语：“亲爱的罗拉，我相信你已经做好准备了，勇敢地去过自己的生活吧，记住，要做一个坚强、勇敢的好姑娘！”听了他的话，我心中更添感伤，忍不住用头使劲地摩挲着他的手心。

清晨，约翰亲自为我打开了围栏的大门，我毅然地走出围栏，向草原走去。其余几头大象也自然地跟随着我走了一段路，我回头发现约翰还站在那里，他和几名工作人员正在朝我们挥手，嘴里正哼着一首歌：

在水和猴面包树之间，
在非洲大草原上，
大象多么雄伟地行进着。
它的长牙在土里挖掘，锋利且弯曲，
甚至可以推倒大树，
多么有用的工具！
大象需要它的长牙才能生存，
但人类不需要。

听到这歌声，我终于忍不住，向他们伫立的方向高高地扬起了头，挥舞着鼻子，嘴里发出高亢的吼声。其他几头雌象也随着我叫了起来。吼声此起彼伏，仿佛是一个仪式，我们在用这种方式告别过去，迎接未来。

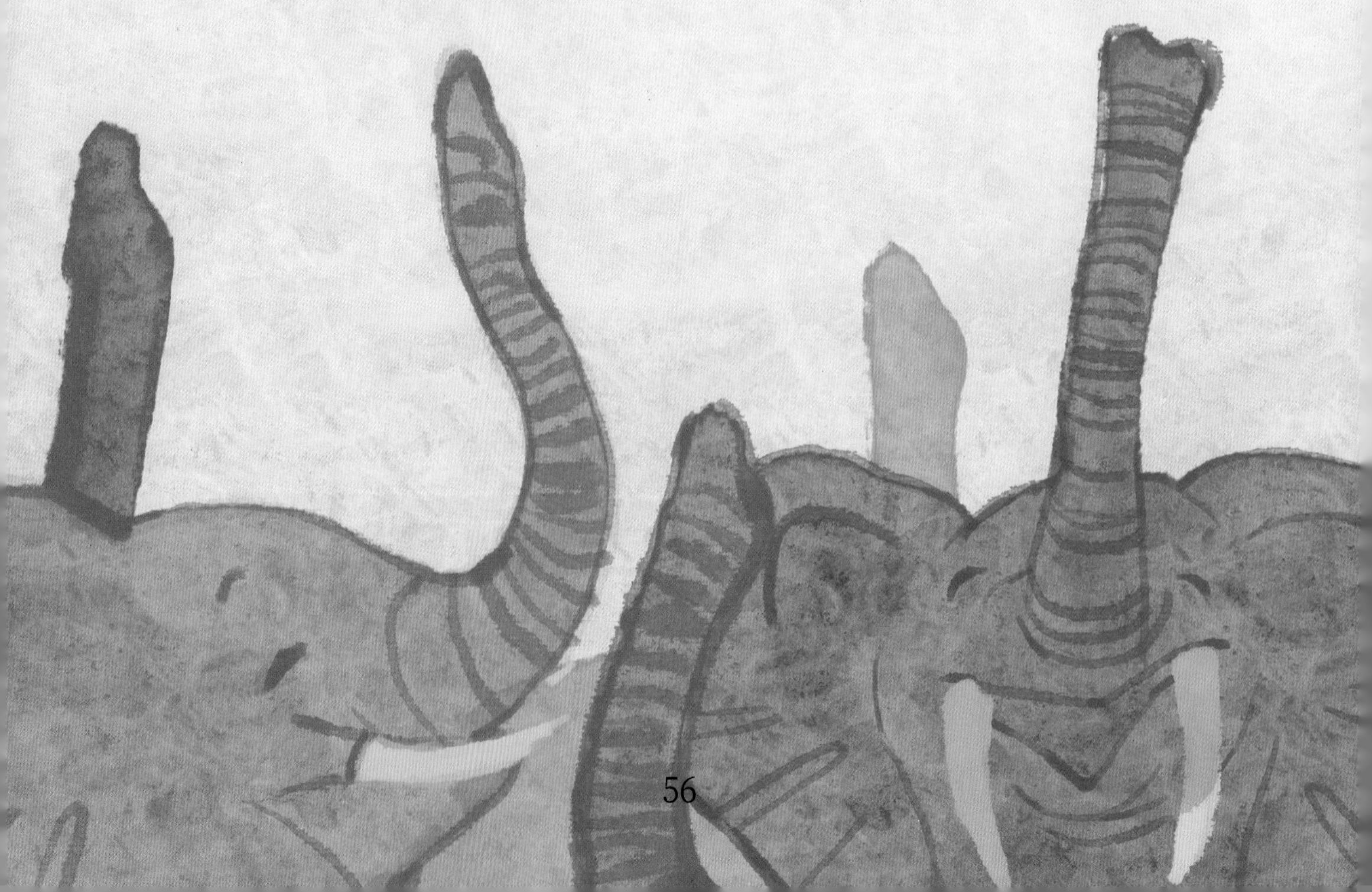

尾声

对于非洲象来说，生命就是一场漫长的旅途。我们所到之处，有广袤的平原、蜿蜒的河流、湖泊和陡峭入云的高山。我们走了很多的路，听到很多不同的故事。有一些快乐的，也有一些悲伤的。正如妈妈所愿，我成为了新的象群首领，承担起照顾整个家族的责任。

太阳照耀着干枯的大地，乞力马扎罗的积雪因高温而融化，只剩下薄薄的冰河。那些带给我们美丽与荣耀、让我们引以为豪的象牙依然“威胁”着家族成员的生命。但是我从未放弃，我回想着妈妈当年教我的东西，一点点把脑海里的地图打开，在草原上开辟着一条条生命线。

每一天我都带领着象群在大草原上努力前行。每一天我们都在努力地寻找食物和水源，同时还要时刻警惕来自人类的威胁。我们是陆地上最大的动物，也是地球上最古老的居民之一。在漫长的自然选择过程中，我们靠着顽强的生命力活了下去，现在也不愿放弃任何可以继续生存下去的机会。

此时的我，已不再是那个胆小、柔弱，只能依靠同伴才能生存的小女孩。我知道，我的身体里潜藏着妈妈留给我的天赋。夜晚，我常常会仰望星空，我知道妈妈一直都没有离开过我，那一闪一闪的星星就是她看着我的眼睛。妈妈，你看到了吗？你的女儿长大了，像你一样，我很勇敢，我相信自己可以带领大家在残酷的大草原好好地生活下去。

（拿起画笔，一起完成罗拉回家的美丽景象吧！）

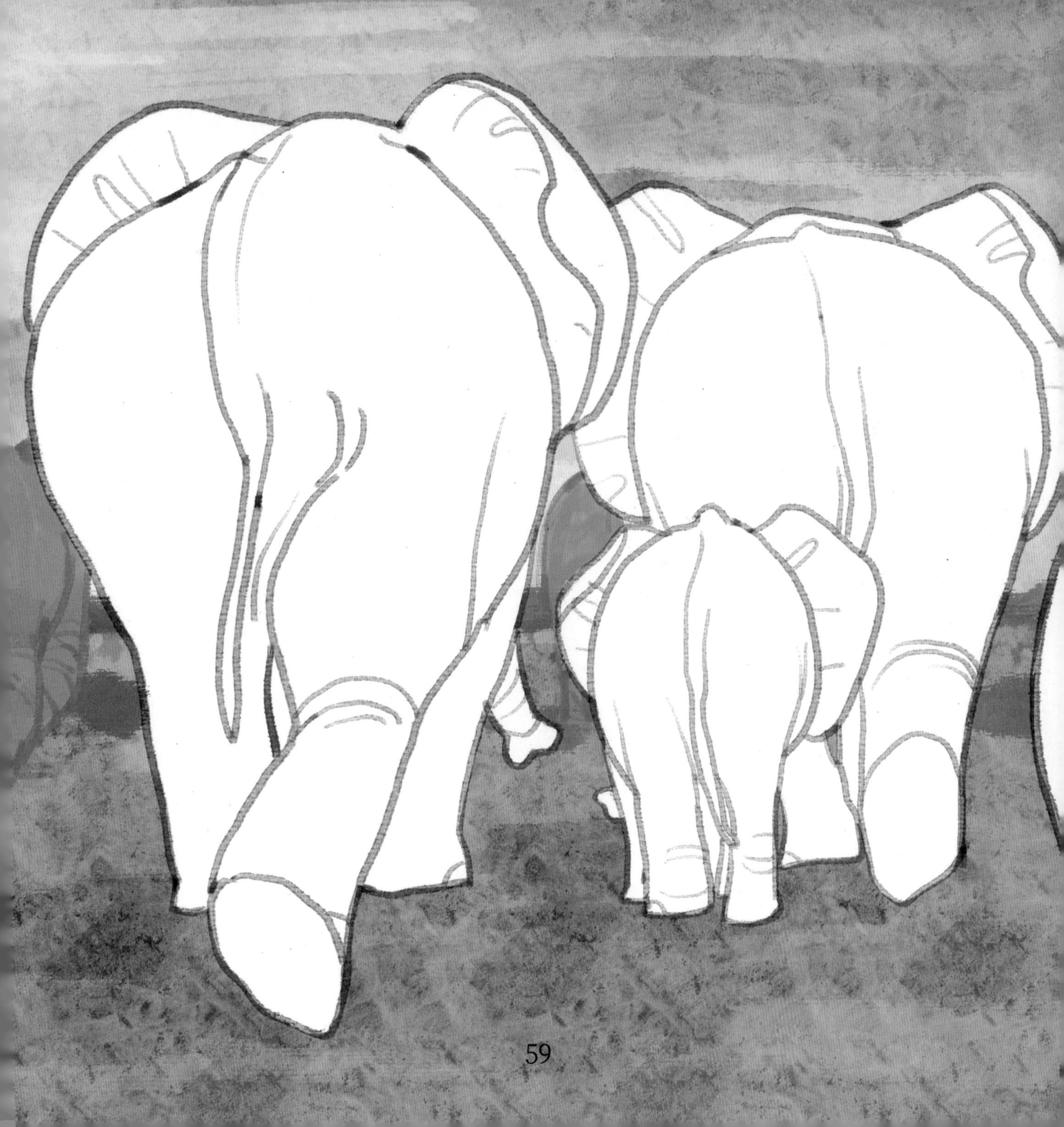

【大象小百科】

罗拉和它的大象家族

几千万年前，一种类似猪的动物生存在这个不断进化演变的星球上。随着成功地生存进化，它们的后代最终成为世界上最大的陆地哺乳动物——大象。这些庞然大物的家族曾经兴旺发达，地球上一度同时有11种不同的大象在四处漫游。从那以后，几乎所有种群都相继灭绝。大约一万年前，最后的厄运降临在令人生畏的猛犸象身上。如今只有三种大象还生活在地球上，它们分别是非洲草原象、非洲森林象和亚洲象。

你看，中间最小的就是罗拉刚出生不久的样子，罗拉在妈妈肚子里待了足足22个月才来到这个世界上。别看它在照片里小小的一只，其实刚出生的非洲象就已经有100千克了呢！站在罗拉旁边，这个最高的大象就是罗拉的妈妈卡米拉，它的肩高有2.6米，体重有3.2吨。罗拉可以和姐姐们一直生活在家庭里，但是哥哥们却不可以。在大象家族里，幼小的雄象会在家庭中跟随母亲及家庭中的其他成员一起生活，学习各种生活技巧和经验，等它们长到7~8岁，性成熟的时候，就会离开家自己去独立闯荡世界了。我们在象群周边有时会看到有雄象跟随，但这些雄象并不是这个家庭的固定成员，它们只是过客而已。大象的寿命和我们人类差不多，平均70岁左右。

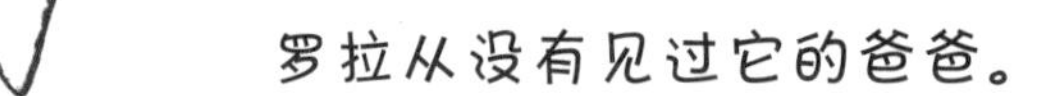

罗拉从没有见过它的爸爸。

成年雄性非洲象可是个超级大块头，体重是雌性非洲象的两倍还要多。作为最大的陆生哺乳动物，最大的大象能长到多大呢？目前有记录的最大的成年非洲雄象体重达到10 886千克，相当于七八辆SUV汽车的重量之和，而它的肩高达到了3.96米，差不多是两层居民楼的高度了。

这是罗拉的“远方亲戚”——生活在亚洲热带地区的亚洲象。与非洲象的生活环境不同，亚洲象喜欢栖息在空气湿润，靠近水源，植被生长茂盛的热带、亚热带地区，一般为海拔1000米以下的长有刺竹林或阔叶林的缓坡、沟谷、草地或河边，主要是季雨林和常绿阔叶林。目前，我国野生亚洲象主要分布在云南省西南边陲的西双版纳、普洱和临沧三个地区，总数量不到300头。

亚洲象的体形比非洲象要小一些，而且亚洲象的外形与非洲象相比也有明显的区别，比如：亚洲象的耳朵要比非洲象小巧，不会垂到肩部；亚洲象鼻子前端只有一个手指形状的凸起（鼻突），而非洲象有两个；亚洲象的头顶呈圆弧形且中间有凹陷，但是非洲象头顶就会相对平坦没有凹痕；另外一个明显区别就是关于象牙，亚洲象只有雄象才会长出长长的牙齿（雌性亚洲象虽然也有，但是很短小，呈圆柱状，基本不露出口腔外），而非洲象无论雌雄，都有明显露出于口腔的长牙。

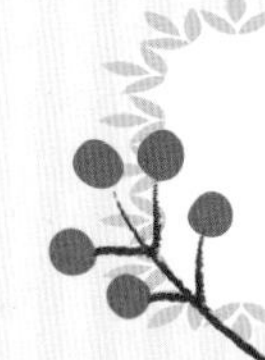

你能区分出亚洲象和非洲象吗？

我们提到了亚洲象和非洲象的区别之一就是看鼻子前端的手指状凸起（鼻突）。那么鼻突到底长什么样？

鼻突指的是象鼻子最前端的突起，作用可等同于我们人类的手指，是大象在使用鼻子时，抓取物体的重要部位。

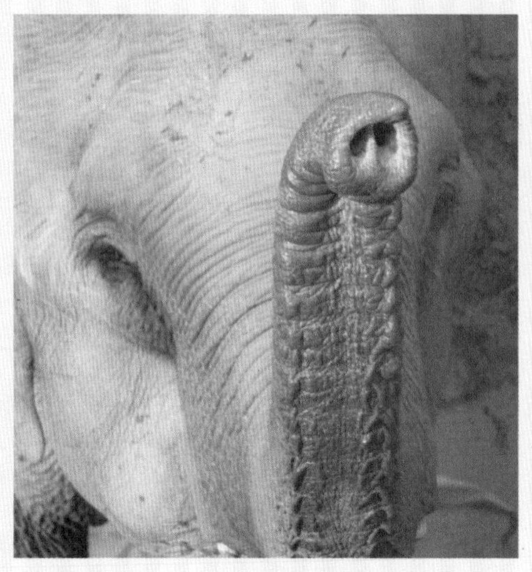

这是亚洲象的鼻突，只有一根“手指”

这是非洲象的鼻突，有两根“手指”

大象的家庭结构是怎样的？

大象是“母系氏族”制，在每个家庭中都会有一头年长且有经验的雌象担任大家长，带领其他成年雌象以及未成年的雄象和雌象生活。这位大家长具有主导权，它把自己的家庭团结在一起，确保大家的安全，为家庭做重要的决定，比如什么时候迎接挑战，什么时候逃离危险。它会负责整个家族每天的活动安排，并会在每年不同季节、气候变化时，运用祖辈传下来的知识和经验，带领象群寻找食物、水源，躲避危险……

除了这位“大家长”，象群里还有专门负责安全保卫的“警戒象”。这位安全卫士主要负责家庭成员在进食、休息时的“警戒和安保”工作。当家庭成员在取食进餐的时候，它总是时刻保持警惕，观察留意周边的情况；当有危险状况发生的时候，它会提前发出警报，冲在最前面，为家庭成员抵挡外来的伤害。特别是象群中如果有新出生的小象时，它会打起十二分的精神，更为专注地投入保卫家人的工作中去。

在整个家族当中，除了这两位“职高权重”的关键角色，家族中的每一位成员都是维系种群繁衍壮大的重要参与者。每头大象在整个家庭活动中都扮演着不同角色：当象群中有新出生的小家伙时，除了妈妈会特别地照顾它，时刻守护在它的边上，其他的家庭成员也会格外关注到它。

大象的鼻子有多厉害?

我们都看到过大象用鼻子举起食物、吸水，然后送到嘴里，其实大象鼻子的作用不仅限于此，是集力量与灵巧于一体的多功能“工具”。

大象的视力很弱，但它们有敏锐的嗅觉。大象鼻子上的黏膜使得它们的嗅觉比人类灵敏 100 多倍。象鼻没有骨头支撑，是由约 5 万块肌肉组成的（人类全身肌肉加起来才 600 多块），既可以灵敏到可以拾起一片草叶，又有力到能卷起树干。大象游泳的时候，鼻子就成了呼吸管，可以高高露出水面防止呛水。此外，大象的鼻子还能抓痒，感知物体的形状和温度，还能威胁敌人。大象之间还会把鼻子卷在一起“拥抱”彼此，通过鼻子来表达问候和爱意。

亚洲象的大脚丫

神奇的大耳朵和大脚丫

在炎热的气候里，大象的耳朵发挥了重要的调温作用。它又大又薄的耳廓是由一个复杂的血管网组成的。当大象扇动耳朵时，血液就会通过这个血管网被泵到耳朵上，从而散出身体的热量。蒲扇一样的耳朵，还可以帮助大象驱赶蚊虫；在驱赶入侵者的时候，这对大耳朵可以使大象看起来更强大。

大象的脚上覆有厚实而柔软的脚垫，可以帮助支撑和缓冲它庞大的身体，防止打滑，还能减少行走发出的声音。大象还可以通过脚和鼻子感知地面的震动，来完成与同类的远距离交流。

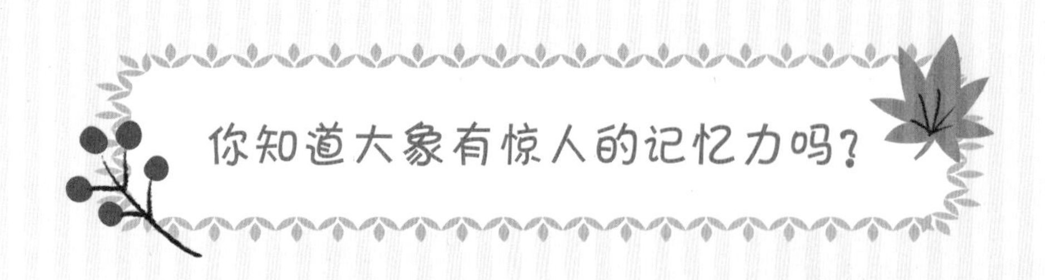

你知道大象有惊人的记忆力吗？

大象的记忆力十分惊人。它们可以记住分别很久的“亲朋好友”，当再次相逢的时候，它们会通过转圈、扇动耳朵、鸣叫、挥动鼻子等动作来表达情感。大象可以记住并找到曾经到达过的遥远的水源地，这个能力使得象群在大家长的带领下能够在干旱的季节生存下来；当有狮子或者其他猛兽靠近时，家庭里的所有成年雌象会把小象围在中间避免它们受到伤害；大象通过相互缠绕象鼻来表达彼此的喜爱，还会一起做游戏。有人目睹，大象会对死去的同伴进行哀悼，它们会用象鼻“抚摸”死去同伴的象牙。

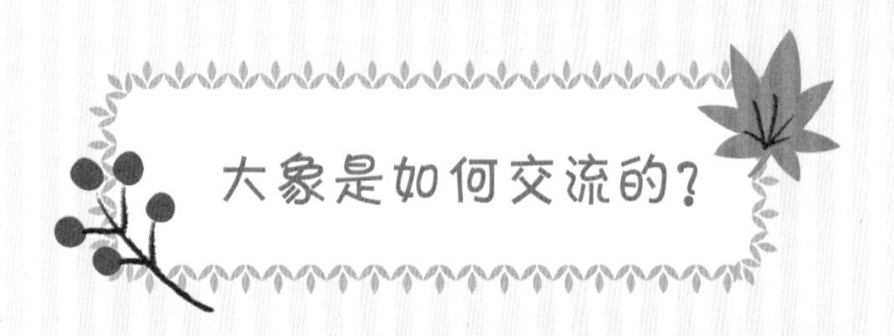

大象是如何交流的？

大象还会通过声音、触觉和嗅觉相互交流。它们有一套非常复杂的交流系统，主要方式是通过跺脚或用嘴发出人耳无法识别的声音。研究表明，大象能发出20赫兹的低频隆隆声，在理想的条件下最远能传到6英里[①]以外。后来人们又发现，这些隆隆声能使地面产生震动，这种震动能传播得更远。很多动物都会用“地震波”来交流，甚至寻找另一半，但是大象的交流方式明显看来更复杂，信号也传播得更远。

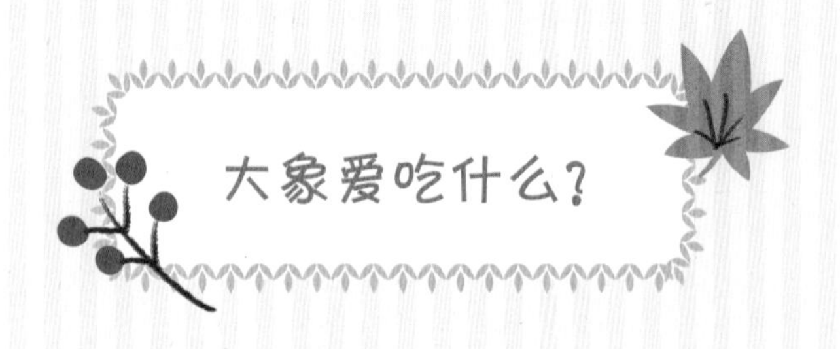

大象爱吃什么？

所有的大象都是食草动物，它们的食物包括青草、树皮、树枝、树叶和果实。对于罗拉和其他非洲草原象来说，它们通常会喜欢吃汁水丰富的树枝。大象的食量巨大，它们每天要花18个小时采集食物，但是吃进去的食物只有40%能被身体吸收，未被消化的种子会随着粪便排出去。一头成年象每天能吃大约180千克的食物，摄入大约114~189升的水。

① 英里=1.609344千米（公里）

大象为什么爱吃盐？

大象从食物中得到的盐分远远不能满足其高大身躯对无机养分的需要。因此，它们常在含盐分的小水塘（俗称硝塘）里吸食无机养分，获得身体所需矿物质。

大象走路有声音吗？

大象靠象足来支撑庞大厚重的身体，厚厚的脚垫能缓冲巨大身体在行进中对足部产生的压力。因为有了脚垫和土地的缓冲，大象走起路来静悄悄的，我们人类几乎听不见它们的脚步声。

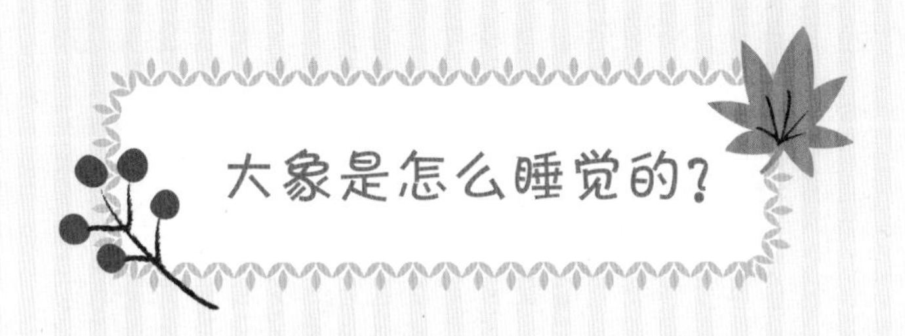

大象是怎么睡觉的？

刚出生不久的小象需要很多睡眠时间，所以经常会走着走着感到累了就躺下睡着了，这个时候小象的妈妈和家庭中的其他成员就会站在它的身边替它遮阳并保护它的安全。随着小象慢慢长大，它们躺着睡的时间会逐渐变少，更多的时候是站着休息的，当然偶尔也会躺着打个盹儿。

关于象牙的真相

大象标志性的长牙是它们的门齿，也就是我们通常说的门牙。非洲象无论雌雄，它们的门牙都显露于口腔外。而亚洲象雌性门牙较小，常被上唇盖住看不到。除了这对长长的门牙，

大象无论雌雄还都长有用于咀嚼的臼齿。

巨大的门牙不仅是大象，尤其是雄象健壮的象征，同时也是它们日常重要的生活工具。在野外，大象用长牙撕树皮来吃，挖掘泥土和树根来寻找水源和盐分。象牙也可以帮助大象运送树干等大型物体来清理道路。遇到危险，大象可以伸出长长的牙当作武器来保护自己。大象的象牙还是雄象展示其魅力的工具，牙越长就越能吸引雌象，对其他雄象也更有威慑力。亲朋好友久别重逢时，大象还会通过撞击象牙来表示兴奋和快乐。正如人有左撇子、右撇子之分，大象也有更喜欢使用一侧象牙的偏好，以致使其更易磨损。

与人类不同的是，大象的长牙与头骨相连，其中三分之一长在身体里面。象牙会持续生长，但通常不会自行脱落，一旦门牙掉了或者折断，便不能再生。盗猎者为了赚取暴利，不惜残忍杀死大象，锯开它的头颅获得象牙。

成年大象在它们生活的野外栖息地并没有天敌，更大的威胁其实来自人类。栖息地的碎片化和丧失，加之因象牙贸易产生的盗猎，使全世界野生象数量急剧减少。猎杀大象获取的象牙被用于制作各种非生活必需品，其中包括钢琴键、象牙台球、筷子、印章和各种式样的奢侈装饰品。

对象来说，长长的牙是骄傲，也是悲哀。

商业性象牙制品市场的存在大大刺激了犯罪分子偷猎并走私象牙。世界自然保护联盟（IUCN）非洲象专家组在2016年发布的大象种群数量监测报告指出，2007~2014年，非洲草原象的数量下降了至少30%，2002~2011年间，非洲森林象的数量下降了60%以上，甚至在一些地区，盗猎活动导致森林象的数量下降高达80%。

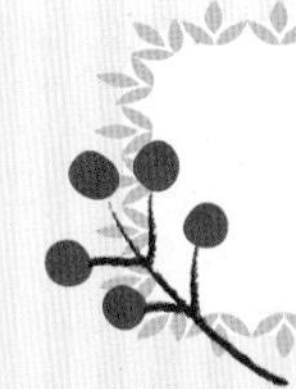

为什么说大象是生态系统的“拱顶石”？

大象在其所生活的生态系统中扮演着重要角色，它帮助维持生物多样性，支持各种生命得以繁衍生息，因此大象也被称作“拱顶石”。顾名思义，拱顶石就是拱门上最高的那块起到支撑作用的石头，没有它的话，拱门就会坍塌。由于大象的体形庞大，需要大量优质并富有营养的食物。如果一头大象能在一个区域生存，那么这个区域一定有丰富的、种类繁多的营养食物作为大象的供给，这就意味着其他食草动物也一样受益。而一个足够数量的、健康的食草动物种群又可以供给食肉动物种群。所以，大象种群的健康就标志着其他生物种群的健康。它们为维护生态环境的可持续性贡献着一份力量。

在云南西双版纳拍到的新鲜亚洲象粪便

大象一天花 18 个小时进食，一天可以吃掉 180 千克食物，它们可以消耗森林中大量的杂灌木和野草，相当于帮森林锄草了。亚洲象活动时开辟的“象道”成为其他野生动物活动的平坦道路，被大象踩踏倒伏或死亡的植物和大象的粪便，在土壤中变成肥料。这些粪便还是一些小昆虫的乐园。同时象粪通过与昆虫的合作实现了自身的快速降解，可以重新回归土壤形成森林生长需要的养分。亚洲象取食、活动时剩下或者折断的植物也为其他食草动物提供了更丰富的食物。

亚洲象粪便中的象蜣螂在分解粪便

在西非的森林里，植物的种子被大象吃掉后，经过消化，最后通过粪便排出，发芽生长。很多大树如果没有大象的帮助就不能繁育。科学家们预测，如果大象消失，至少有30%的大树会消失。

东非的草原象吃木本植物的枝丫，可以防止树木和灌木生长失控。如果任由这些木本植物生长，它们的枝叶将遮蔽阳光，而小草将无法获得阳光而枯亡。以草为食的羚羊和其他动物就会失去食物来源而死去，靠这些食草动物生存的食肉动物也会消失。

喀麦隆的非洲象象粪上长出了嫩芽

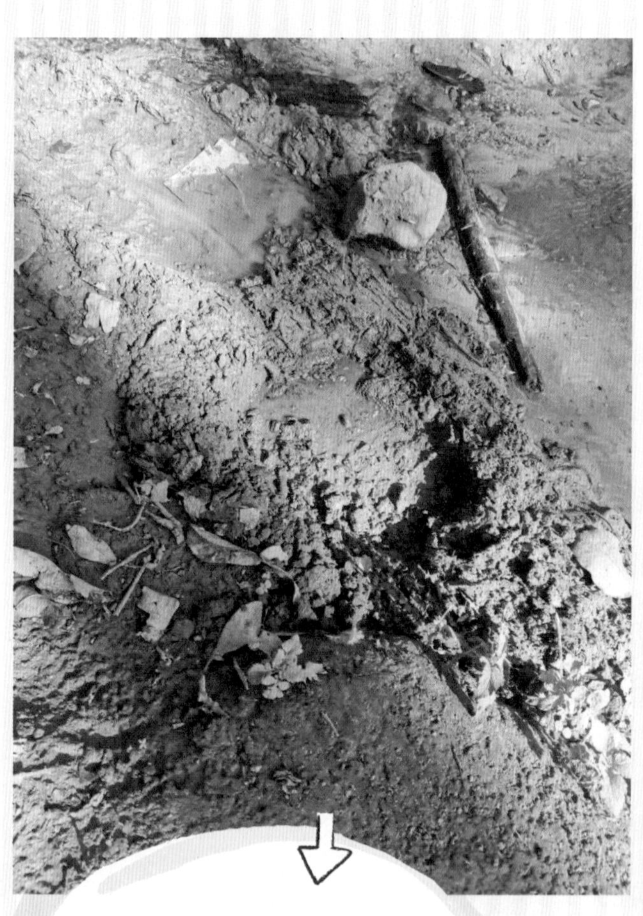

亚洲象的脚印，你可以分辨出脚掌和脚趾吗？

西双版纳雨林中，亚洲象脚印形成的小水坑

大象提姆的故事

2016 年的一天，坐落在非洲肯尼亚的安博塞利国家公园救助中心的工作人员听到一阵“惊天动地”的脚步声，大家跑出救助中心发现，这是一只体形巨大的雄象。这只象前额插着一支矛，伤口还在流血，它看到救助人员后毫不客气，立即躺下等兽医检查治疗。

在当地，大家都喊它大提姆（Big Tim），它不只块头够大，还长了一对几乎拖到地面的长牙。提姆能自己跑来看病，是因为两年前救助中心曾经帮它治疗过，这次提姆的后背受了伤，就主动跑回来寻求帮助了。工作人员认为这并不是盗猎者所为，很有可能是当地的居民和提姆突然相遇，被这个大块头吓坏了，然后用长矛刺中了它。

经过治疗后，提姆很快就康复了，并回到了它的栖息地。它在大象中很受欢迎。通常，雄象在成年后会被“驱逐”出雌象组成的象群；但提姆不同，我们看到过它在雌象组成的家庭中如众星捧月一般被对待。国家公园的很多巡护员也都认识了提姆，一直暗中保护它的安全。提姆也是人们心中的“明星”，肯尼亚野生动物保护局（KWS）称赞它是“谦逊、缓慢的安博塞利守护者”。

2020 年 2 月 4 日，我们发现大象提姆去世了，死于自然原因，估计时年 50 岁左右。

正在接受救治的提姆

象群中的提姆

2013年10月，在非洲最主要的野生动物保护区之一——津巴布韦万基国家公园内，多达数百头非洲象因象牙盗猎而遭到毒杀。盗猎者向水塘和盐渍地投放氰化物，大象和其他动物中毒后在极度痛苦中死去。此外，也有不少食肉动物因食用被毒杀的大象尸体而中毒死亡。

公开的象牙制品市场会误导消费者认为购买象牙是名正言顺的，一般消费者们通常难以辨认象牙来源是否合法，并更倾向于购买价格更低的象牙制品，而这些制品往往来源于非法渠道。同时，合法与非法市场的共存也增加了执法和监管的难度。

2017年12月31日起，中国内地已全面停止商业性象牙加工和交易活动。2021年12月31日起，中国香港特别行政区禁止为商业目的管有任何象牙（1925年前的古董象牙除外）。严厉打击象牙等濒危物种走私、销毁罚没象牙制品到全面禁止商业交易，这些举措充分彰显了我国保护濒危物种，维护地球生物多样性，践行生态文明的坚定立场和大国担当。

小象拉妮的故事

在国际爱护动物基金会（IFAW）的孤儿象救助项目中，工作人员深知让新来的孤儿象尽快融入集体是多么重要，这不仅能帮助它们学习生存技能为将来放归做准备，更是对健康大有益处。失去家人的小象们无论是吃饭还是玩耍都要在一起，同类间的爱是人类精心照料所无法替代的。

很多孤儿院都给没断奶的小象一个“毯子妈妈”，这不仅是为了保暖，毯子毛茸茸的触感像极了妈妈温暖的肚皮，能让年幼的宝宝感到安全（刚出生的小象在象群中会行走在妈妈的肚皮下，那是它们对妈妈最初的记忆之一）。

孤儿院里年纪稍大的小雌象还会主动承担起照顾弟弟妹妹的责任，帮助它们缓解焦虑不安的情绪，尽快适应环境。一起成长的姐妹情往往能持续一生，雌象们被组团放归后还将继续维系没有血缘的家庭，相互扶持，共同生活。

兽医给拉妮的伤口涂了姜黄粉，
姜黄是一种天然愈合剂和防蝇剂

2018 年 12 月中旬的某一天，人们在追踪一个从莫桑比克进入赞比亚的象群时，在一片灌木丛中意外发现了一头独自游荡的小象。我们知道，小象通常会跟在妈妈身边不离开，这个孤单的小姑娘看上去只有半岁左右。

仔细观察发现，小象已经瘦骨嶙峋，皮肤松弛下垂，脸颊明显凹陷了。情况紧急，救援刻不容缓。我们刚刚准备把小象送去治疗它就昏倒了。我们不得不让兽医马上现场治疗。好在小象只是中暑，补液后被送往孤儿院。我们以发现地为小象命名。它在 ICU（重症监护）度过了第一周。

必须表扬下，拉妮真是个很让人省心的“病人”

卧床休养后，拉妮终于迈出了在孤儿院的第一步，饲养员奥斯卡陪着它在病房附近溜达了一小会儿。兽医希望它能尽快熟悉周围的环境，但虚弱的拉妮还需要多多休息，它大部分时间都只能在舒适的干草堆里吃了睡，睡了吃。

孩子间友情的建立是很容易的，那就是一起玩儿

后来，拉妮进入大象孤儿院后第一次见到了其他小朋友。这对拉妮来说是不可思议的进步，不仅身体正在越来越好，表现出的社交能力也是满分。小伙伴们对拉妮又关心又好奇。很显然，大家都接纳了这个新来的小妹妹。

没有比“泥巴大战”更有趣的了！

关于大象围栏

2014 年，Wild Is Life（丹克沃茨家族在 1998 年成立的，旨在救助和放归受伤的动物的组织，简称 WIL）与津巴布韦公园和野生动物管理局合作，建立了一个大象避难所——津巴布韦大象孤儿院（Zimbabwe Elephant Nursery，简称 ZEN）。2016 年，

IFAW 支持了 Wild Is Life 和津巴布韦大象孤儿院。这座孤儿院坐落于津巴布韦班达马西耶森林保护区内，这里有一个被称为“围栏计划”的项目正在进行中。

“围栏”是一片全新概念的野放区，在这里生活的是一群即将被放归自然的大象，都很年轻。我们在保护区里设立了一个围栏，把选择权交给了大象——围栏外被称为“互动区”，孤儿院的大象可以走出去；外面的野生动物，包括野生象群也可以来这里，这里就像一个开放的会客厅。一旦感觉到威胁、受到惊吓，大象们可以立刻跑回围栏内寻求庇护。

云南亚洲象象群为何北上？

受采访人：曹大藩 国际爱护动物基金会（IFAW）云南亚洲象保护项目官员

提　问：曹老师您好！2021 年夏天，云南“象群北上”事件引起了公众对大象这个物种的极大关注和兴趣，您作为动物保护工作人员长期和亚洲象打交道，对它们是不是很熟悉呢？可否给我们介绍一下这个象群？

曹大藩：这次“北上”的象群被当地的保护工作者亲切地称为“短鼻家族”，是因为其中有一头年轻的雌象有一个明显区别于其他大象的特征——它的鼻子短了一截（具体是什么原因造成的我们并不确定），但是“短鼻”并不是这个象群的大家长。之前它们生活在云南省西双版纳国家级自然保护区的勐养子保护区内，从野象谷景区出发时一共 16 名成员，在北上的途中出生了 1 头小象，其间有 2 头成年雄象离队返回，所以这个群体就变成了 15 头大象。这个象群平均年龄比较小，其中成年雄象、成年雌象、亚成年、小象、不到半岁的幼象各 3 头。

提　问：这样年轻的一个象群，它们离开原有栖息地往北迁徙是正常现象吗？以前是否有类似的事情发生过？

曹大藩：首先，在这里要做一个说明，这次象群的活动，我们并不认为是一个“迁徙”行为，而是一种迁移或是扩散的行为。自从我国开展亚洲象研究以来，这么长距离的扩散活动在以前是没有发生过的，但在亚洲象生活区域内，象群在 50 千米以内对栖息地的轮流利用很常见。目前我们基本将这次的事情当作一个特例来看待。

至于为什么这个“短鼻家族”要一反常态往那么北的地方扩散活动，涉及的原因可能是多方面的。比如原有栖息地环境的变化、栖息地内大象种群数量的增加、气候干旱、自然食物的变化等等。基于目前所能得到的信息，各方专家也只能推测，我们无法在短时间内得出一个科学的、有针对性的结论。从另外一个角度来看，这也更说明我们应该扩大和加强对亚洲象习性和栖息地等全方位的多角度的实用型研究，为今后亚洲象保护提供更多依据和参考。

提　问： 关于引导象群回归原来的栖息地的方法，有很多热心网友“出谋划策”想了各种办法。您对大家给出的这些五花八门的办法是怎么看的呢？

曹大藩： 从理论上来说，如果能在尽量减少与象群接触的前提下，通过路障加食物引诱的方式将象群“带回”原来的栖息地是目前最好的解决办法，但实际操作起来是很困难的。这些大象的智商相当于 3~5 岁的小朋友，当这些“小朋友”面对它们喜欢的食物或者玩具时，我们往往很难控制它们的行为。何况这些“小朋友”不仅跑得比你快，还比你强壮、高大得多。

也有不少朋友问我，可不可以麻醉了以后送回原栖息地呢？其实麻醉象群这个过程，并不像我们在电视、电影里看到的那样简单，难度极高！2021 年 5 月，我们在非洲津巴布韦的同事刚刚帮助 6 只非洲象搬了家，运输中就采取了麻醉。为了这次麻醉搬家行动，同事们足足准备了数月之久，进行过多次流程规划和演练。兽医团队和运输设备的调配也需要很长时间才能完成。这 6 只都是被人类抚养长大的孤儿象，都是年龄在 3~5 岁的未成年象，而我们的“短鼻家族”是 15 头野生象，其中还有 3 头与妈妈寸步不离的幼象，很难找到象群散开的机会让人们使用麻醉枪，在短时间内转移运输这么多大象的工作量难以估量。另外，通过麻醉转移的方式是否会对象群后续的生理和心理造成影响是很难预估的，而且一旦象群的生理和心理状况发生改变，影响的不仅仅是它们自己的健康，也会影响当地居民的生活——这也是我非常关注和担心的事情。

津巴布韦大象孤儿院 6 只孤儿象搬家现场

提　问： 通过这次事件，很多人都被温柔可爱、憨态可掬的亚洲象“圈粉”了，甚至有人想要去云南近距离围观它们。那么请问这样做是否可行呢？

曹大藩： 亚洲象和我们人类在很多方面都很相近：都是以家族为单位生活，对于家族生活充满热爱，对于家族成员充满关心……，但这些并不能成为我们可以无限接近，或是围观亚洲象的借口和理由。我们可以设想一下，当你的家人或朋友被一群陌生的“未知生物”近距离围追堵截，你的反应会是怎样？所以，对于任何一种野生动物，出于本能的自我安全防护和对幼崽的保护，都可能会做出超出我们预判的防护或反抗行为，特别是大象这种体形庞大又聪明的动物。如果仔细观察相关新闻报道中的图片和视频就会发现，在亚洲象活动区域其实到处都有相关警示标语来提醒大家远离象群。此次象群北迁没有出现象群伤人的事件，这真的要感谢众多辛苦付出的工作人员了：他们要负责 24 小时跟踪监测，及时发布预警信息，进村入户安全提示……我早些年参与过一些类似的工作，了解其中的辛苦，他们的付出值得被尊重！

提　问： 感谢曹老师接受我们的采访，最后请您和我们的小读者说一句话做为总结吧。

曹大藩： 大象固然可爱，但请记住它们依旧充满野性和危险，请保持足够的距离，请保持足够的敬畏，这个世界是我们的，也是它们的！